英国数学真简单团队/编著　华云鹏　王庆庆/译

DK儿童数学分级阅读 第五辑

图表和测量

数学真简单！

电子工业出版社·

Publishing House of Electronics Industry

北京·BEIJING

Original Title: Maths—No Problem! Graphs and Measuring, Ages 9–10 (Key Stage 2)
Copyright © Maths—No Problem!, 2022
A Penguin Random House Company

版权贸易合同登记号　图字：01-2024-1979

图书在版编目（CIP）数据

DK儿童数学分级阅读. 第五辑. 图表和测量 / 英国数学真简单团队编著；华云鹏，王庆庆译. --北京：电子工业出版社，2024.5
ISBN 978-7-121-47697-6

Ⅰ. ①D…　Ⅱ. ①英…　②华…　③王…　Ⅲ. ①数学—儿童读物　Ⅳ. ①O1-49

中国国家版本馆CIP数据核字（2024）第075168号

出版社感谢以下作者和顾问：Andy Psarianos, Judy Hornigold, Adam Gifford和Anne Hermanson博士。
已获Colophon Foundry的许可使用Castledown字体。

责任编辑：苏　琪
印　　刷：鸿博昊天科技有限公司
装　　订：鸿博昊天科技有限公司
出版发行：电子工业出版社
　　　　　北京市海淀区万寿路173信箱　　邮编：100036
开　　本：889×1194　1/16　印张：18　　字数：303千字
版　　次：2024年5月第1版
印　　次：2024年11月第2次印刷
定　　价：128.00元（全6册）

www.dk.com

目 录

鲁比　　艾略特　　阿米拉　　查尔斯　　露露　　萨姆　　奥克　　霍莉　　拉维　　艾玛　　雅各布　　汉娜

理解表格

准 备

阿丽亚小姐和法茜玛小姐看着下面的健身课程表计划去上哪一节课。

课程	开始时间	上课时长	地点
动感单车	09:35, 11:15, 13:05, 17:50	35	2室（3楼）
跳绳	06:05, 08:25, 10:10, 20:45	30	3室（1楼）
拉伸	07:35, 11:15, 16:55, 21:25	45	5室（2楼）
上下运动	13:50, 19:10, 22:05	40	1室（3楼）
扭转运动	08:10, 09:10, 13:15	60	4室（1楼）

*请在开课5分钟前到达。

**请为换楼层预留时间：2分钟/层。

　　如果阿丽亚小姐和法茜玛小姐想各参加两节课，那她们应该分别选择哪两节课呢？

举 例

阿丽亚小姐想上午去上动感单车课和跳绳课。

如果我选09:35的动感单车课，那我还来得及上10:10的跳绳课吗？

阿丽亚小姐需要为下两层楼预留出4分钟。

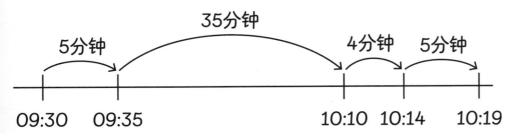

阿丽亚小姐需要在10:10的跳绳课开课前5分钟也就是10:05到教室。

法茜玛小姐准备参加11:15的拉伸课，然后在健身房吃午饭。接着她准备去上13:50的上下运动课。

法茜玛会在健身房待多久？

计算法茜玛到达拉伸课教室与第二节课开课的时间间隔。

她需要提前5分钟到拉伸课教室。

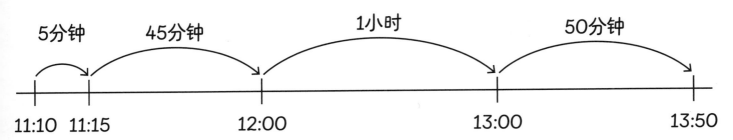

5 + 45 + 50 = 100

100分钟 = 1小时40分钟

1小时40分钟 + 1小时 = 2小时40分钟

法茜玛到达拉伸课教室与第二节课开课的时间间隔为2小时40分钟。

再加上上下运动课的上课时长。

2小时40分钟 + 40分钟 = 2小时80分钟
= 3小时20分钟

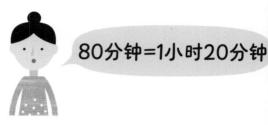

80分钟=1小时20分钟

法茜玛会在健身房待3小时20分钟。

练 习

根据课程表中的开始时间回答下列问题。

1 萨姆的妈妈上了一节19:10的上下运动课。
如果她还要去上20:45的跳绳课，那她可以休息多久？

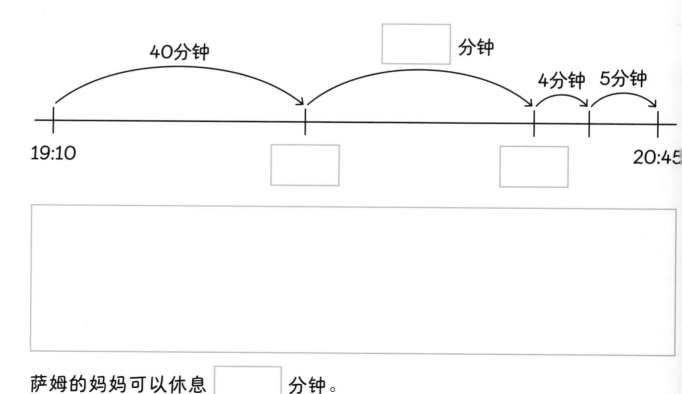

萨姆的妈妈可以休息 ☐ 分钟。

2 南丁格尔先生上完11:15的拉伸课后离开了健身房。如果他在上拉伸课之前还上了一节动感单车课，那他在健身房总共待了多久？

南丁格尔总先生共在健身房待了 ☐ 小时 ☐ 分钟。

3 阿米拉的爸爸提前15分钟到了健身房，准备参加上下运动课。上完这节课之后，他跟朋友聊天聊了55分钟，然后才离开健身房。
阿米拉的爸爸一共在健身房待了多久？

阿米拉的爸爸一共在健身房待了 ☐ 小时 ☐ 分钟。

折线图（一）

准 备

下图是新西兰的亚历山德拉在1980—2010年间的月平均气温折线图。

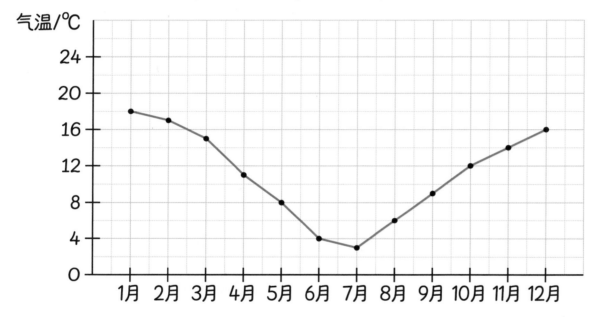

亚历山德拉月平均气温（1980—2010）

关于这期间的月平均气温，我们可以了解到哪些信息呢？

举 例

折线图能表示一段时间内数据的变化情况。

该图表明1月到6月的平均气温逐渐下降，7月到12月逐渐上升。
季节更替的同时，月平均气温也随之变化。

我们也可以在表格中把折线图中的信息列出来。

月份	1月	2月	3月	4月	5月	6月	7月	8月	9月	10月	11月	12月
气温/°C	18	17	15	11	8	4	3	6	9	12	14	16

1月的月平均气温最高。

7月的月平均气温最低。

1月到6月，月平均气温下降了14°C。

6月到12月，月平均气温上升了12°C。

相邻两月之间温度最多上升了3°C。

相邻两月之间温度最多下降了4°C。

1 下图是新西兰的克利斯特彻奇在1980—2010年间的月平均气温折线图。

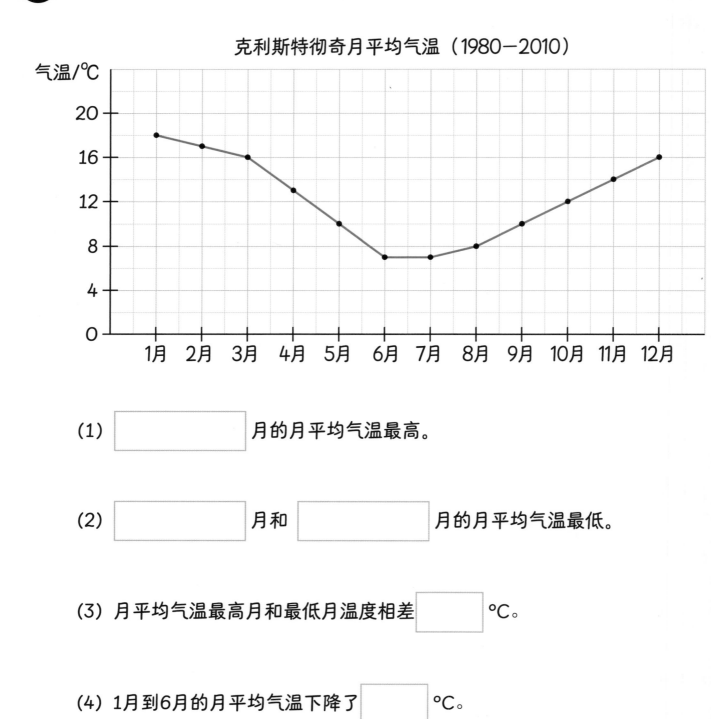

(1) 　　　　　　月的月平均气温最高。

(2) 　　　　　　月和　　　　　　月的月平均气温最低。

(3) 月平均气温最高月和最低月温度相差　　　　　　℃。

(4) 1月到6月的月平均气温下降了　　　　　　℃。

2 查尔斯正在看英国的坦布里奇韦尔斯春季某天的气温变化折线图。

坦布里奇韦尔斯春季某天气温变化

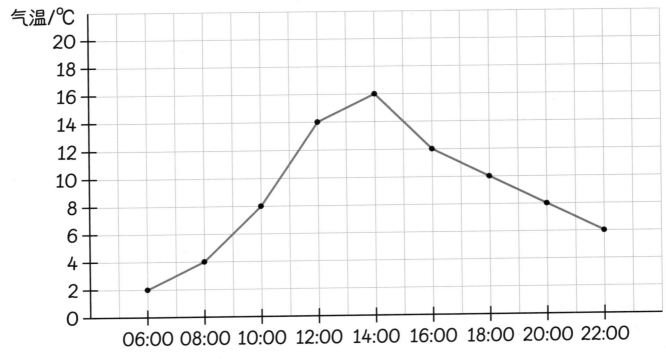

(1) 06:00与22:00的温差是 _____ °C。

(2) 06:00到14:00的温度 _____ （上升/下降）了。

(3) 14:00到22:00的温度 _____ （上升/下降）了。

(4) 10:00到12:00温度上升了 _____ °C。

(5) 16:00到22:00，温度以每2小时 _____ °C的速度下降。

(6) _____ 到 _____ 的温度上升了14°C。

折线图（二）

准 备

　　下图是新西兰的亚历山德拉和英国的罗奇代尔在1980—2010年间的月平均气温折线图。

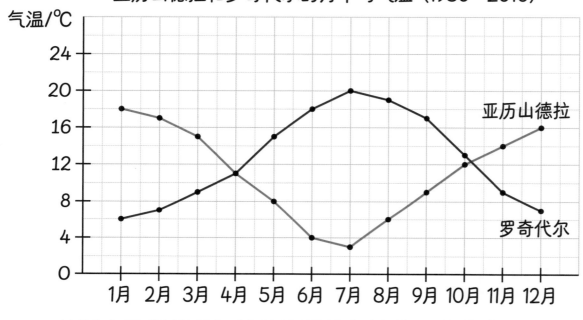

亚历山德拉和罗奇代尔的月平均气温（1980—2010）

　　从图中我们能得知关于这两地气温的哪些信息呢？

举 例

亚历山德拉在南半球，罗奇代尔在北半球。

这说明南北半球的季节是相反的。南半球是夏季时，北半球就是冬季。

我们还能看到两地春季和秋季的温度差不多。

月份	1月	2月	3月	4月	5月	6月	7月	8月	9月	10月	11月	12月
亚历山德拉(气温/℃)	18	17	15	11	8	4	3	6	9	12	14	16
罗奇代尔(气温/℃)	6	7	9	11	15	18	20	19	17	13	9	7

两地温差最大的月份是7月。

两地4月的月平均气温是一样的。

亚历山德拉的最低气温要低于罗奇代尔的最低气温。

亚历山德拉最低月平均温度和最高月平均温度相差了15℃。

1 利用折线图给出的信息完成表格。

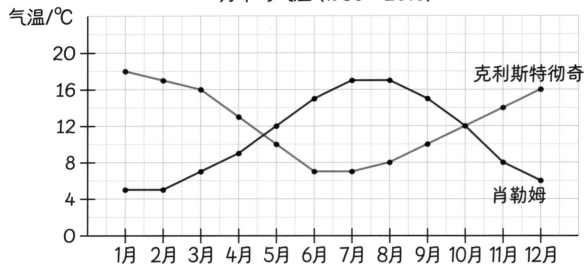

新西兰克利斯特彻奇和英国肖勒姆的
月平均气温 (1980—2010)

月份	1月	2月	3月	4月	5月	6月	7月	8月	9月	10月	11月	12月
克利斯特彻奇 (气温/°C)												
肖勒姆 (气温/°C)												

2 用上方表格里的信息填空。

(1) 月平均气温最高的城市是 ⬚ 。

(2) 8月份两地的月平均气温温差为 ⬚ °C。

(3) 克利斯特彻奇的月最高平均温度和月最低平均温度相差了 ⬚ °C。

(4) 肖勒姆的月最高平均温度和月最低平均温度相差了 ⬚ °C。

3 下方是一家面包店数年间各食品价格变化折线图。

面包店食品价格

(1) ⬚ 和 ⬚ 在2016年和2017年的价格相同。

(2) 2019年，布朗尼和曲奇的价格相差了 ⬚ 英镑。

(3) 甜甜圈2015年和2018年的价格相差了 ⬚ 英镑。

(4) 哪一年布朗尼和甜甜圈的价格相差最大？ ⬚

厘米和毫米

准 备

鲁比想给她的表盘配一个新表带。

2厘米

18毫米

20毫米

22毫米

鲁比应该买哪个表带呢？

举 例

鲁比的表需要配2厘米宽的表带。

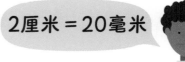

2厘米 = 20毫米

18毫米

10毫米 = 1厘米
8毫米 = 0.8厘米

第一个表带宽18毫米。

第一个表带窄了2毫米。

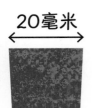

20毫米

20毫米 = 2厘米

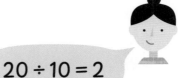

20 ÷ 10 = 2

1毫米比1厘米小10倍。

第二个表带是20毫米或者2厘米。
第二个表带适合鲁比的表盘。

22毫米

20毫米 = 2厘米
2毫米 = 0.2厘米
22毫米 = 2.2厘米

2 ÷ 10 = 0.2

第三个表带宽了
2毫米。

练 习

1 把厘米换算成毫米。

(1) 3厘米 = ☐ 毫米

(2) 5厘米 = ☐ 毫米

(3) 14厘米 = ☐ 毫米

(4) 23厘米 = ☐ 毫米

2 把毫米换算成厘米。

(1) 40毫米 = ☐ 厘米

(2) 80毫米 = ☐ 厘米

(3) 170毫米 = ☐ 厘米

(4) 390毫米 = ☐ 厘米

3 单位换算。

(1) 16毫米 = ☐ 厘米

(2) ☐ 毫米 = 4.1厘米

(3) 13.8厘米 = ☐ 毫米

(4) 102毫米 = ☐ 厘米

厘米和米

准 备

我想把这个木条锯成1.3米长。

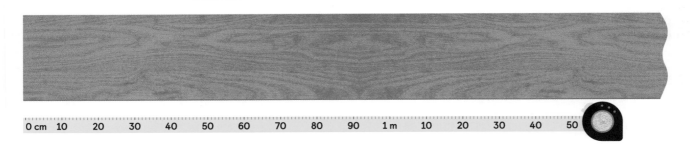

艾玛应该从哪里锯呢？

举 例

100厘米 = 1米
30厘米 = 0.3米

30 ÷ 100 = 0.3

1厘米是1米的 $\frac{1}{100}$ 。

130厘米 = 1.3米

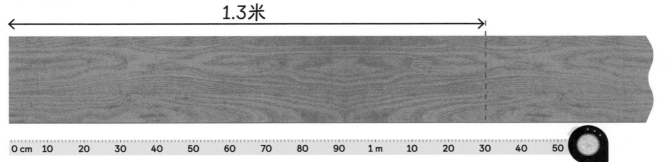
1.3米

如果鲁比需要的是一条2.13米长的木头呢？

$0.1 \times 100 = 10$

$0.03 \times 100 = 3$

1米是1厘米的100倍。

2米 = 200厘米
0.1米 = 10厘米
0.03米 = 3厘米

2.13米 = 213厘米

练习

1 把厘米换算换成米。

(1) 300厘米 = ☐ 米

(2) 250厘米 = ☐ 米

(3) 458厘米 = ☐ 米

(4) 909厘米 = ☐ 米

2 把米换算成厘米。

(1) 46米 = ☐ 厘米

(2) 3.4米 = ☐ 厘米

(3) 18.5米 = ☐ 厘米

(4) 20.9米 = ☐ 厘米

3 单位换算。

(1) 103厘米 = ☐ 米

(2) 5.14米 = ☐ 厘米

(3) 2004厘米 = ☐ 米

(4) 48.09米 = ☐ 厘米

米和千米

准 备

艾玛和她的家人去某个国家公园度假。他们准备去看瀑布或者山洞。哪个地方路途更远？

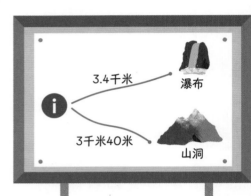

3.4千米 瀑布

3千米40米 山洞

举 例

把3.4千米换算成米。

0.1千米 = 100米
0.4千米 = 400米
3.4千米 = 3000米 + 400米
= 3400米

1千米 = 1000米
3千米 = 3000米

把3千米40米换算成米。

3千米40米 = 3000米 + 40米
= 3040米

去瀑布的路途更远。

20

还有一条通往森林的路，总长度是3010米。换算成千米是多少？

3010米 = 3000米 + 10米
3000米 = 3千米
10米 = 0.01千米

1千米是1米的1000倍。

$3000 \div 1000 = 3$
$10 \div 1000 = 0.01$

3010米 = 3.01千米

练 习

1 把米换算成千米。

(1) 6000米 = ☐ 千米   (2) 500米 = ☐ 千米

(3) 1200米 = ☐ 千米   (4) 20米 = ☐ 千米

2 把千米换算成米。

(1) 7千米 = ☐ 米   (2) 6.4千米 = ☐ 米

(3) 5.03千米 = ☐ 米   (4) 1.001千米 = ☐ 米

3 单位换算。

(1) 3千米50米 = ☐ 米   (2) 1050米 = ☐ 千米 ☐ 米

(3) 11.3千米 = ☐ 米   (4) 45千米5米 = ☐ 千米

克和千克

准 备

霍莉用右边的配方制作面包卷。

霍莉用的白面粉更多还是全麦面粉更多？

面包卷配方
白面粉：0.4千克
全麦面粉：70克
酵母：1茶匙
水：1杯

举 例

1千克 = 1000克
0.1千克 = 100克
0.4千克 = 400克

1千克是1克的1000倍。

0.1×1000 = 100

霍莉用了0.4千克或400克白面粉。

100克 = 0.1千克
10克 = 0.01千克
70克 = 0.07千克

1克比1千克小1000倍。

70 ÷ 1000 = 0.07

霍莉用了70克或0.07千克的全麦面粉。

练 习

补全表格。

配料	千克和克重	克重	千克重
大米	1千克300克		
鱼		2300克	
洋葱	3千克50克		
豆子			2.98千克
胡椒	1千克60克		
胡萝卜		850克	

分钟和秒

准 备

我要把爆米花放到微波炉里加热2分30秒。

我要把爆米花放到微波炉里加热180秒。

谁的爆米花加热时间更长?

举 例

把2分30秒换算成秒。

1分钟 = 60秒

2分钟 = 120秒

2分钟30秒 = 120秒 + 30秒
= 150秒

150秒 < 180秒

 的爆米花加热时间更长。

把180秒换算成分钟是多少？

1分钟 = 60秒

3 × 6 = 18
3 × 60 = 180
3分钟 = 180秒

3分钟 > 2分钟30秒

180 ÷ 60 = 3

练 习

1 下方是每个水壶把水烧开所需的时间。
把时间换算成分钟和秒。

(1)

139秒

(2)

129秒

(3)

188秒

☐ 分钟 ☐ 秒， ☐ 分钟 ☐ 秒， ☐ 分钟 ☐ 秒

2 艾略特切菜花了4分钟12秒，随后拉维又切了317秒。

(1) 拉维和艾略特切菜总共用了 ☐ 分 ☐ 秒。

(2) 拉维切菜用时比艾略特长 ☐ 秒。

小时和分钟

准 备

一个面包制作教程有如下步骤。

做面包和烤面包总共需要用多久？

面包制作教程

1 把面粉和水混合然后放置20分钟。
2 添加酵母和盐并搅拌均匀，然后放置1小时40分钟。
3 把生面团揉5分钟，然后放到烤模里，醒发1小时30分钟。
4 把发好的面团连同烤模放到烤箱烤40分钟。

举 例

60分钟 = 1小时

1小时里有60分钟

先计算前两步总共用了多长时间。

20分钟 + 1小时40分钟 = 20分钟 + 60分钟 + 40分钟
= 120分钟

然后算第3步和第4步的总用时。

5分钟 + 1小时30分钟 = 5分钟 + 60分钟 + 30分钟
= 95分钟

95分钟 + 40分钟 = 135分钟

120分钟 + 135分钟 = 255分钟

做面包和烤面包总共花了255分钟。

60分钟 = 1小时
120分钟 = 2小时
240分钟 = 4小时
255分钟 = 4小时15分钟

255分钟是几小时几分钟?

255

240   **15**

练 习

1 拉维写下了某周他写各学科作业的所用时间。

英语 — 1小时15分钟
数学 — 1小时15分钟
科学 — 35分钟
历史 — 45分钟

(1) 拉维写这几个学科的作业总共用了多少分钟?

1小时15分钟 = [　　] 分钟

[　　] + [　　] + [　　] + [　　] = [　　]

拉维写这几个学科的作业总共用了 [　　] 分钟。

(2) 拉维写这几个学科的作业总共用了几小时几分钟?

[　　] 分钟 = [　　] 小时 [　　] 分钟

2 时间换算。

(1) 240分钟 = [　　] 小时

(2) 3小时10分钟 = [　　] 分钟

(3) 105分钟 = [　　] 小时 [　　] 分钟

(4) 6小时8分钟 = [　　] 分钟

周和天

准 备

奥克正在数她还有几天放假。

你能用几天或者几周来说她什么时候放假吗？

三月						2022
周日	周一	周二	周三	周四	周五	周六
		✕1	✕2	✕3	✕4	✕5
6	7	8	9	10	11	12
13	14	15	16	17	18	19
20	21	22	23	24	25	26
✨27	28	29	30	31		

举 例

1周里有7天。

6	7	8	9	10	11	12

奥克还有21天才能放假。

$21 \div 7 = 3$

奥克还有21天或3周才能放假。

汉娜还有152天才能去看望自己的祖母。

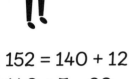
汉娜还需要等几周？

计算最多有多少个7。

152 = 140 + 12
140 ÷ 7 = 20
12 ÷ 7 = 1 余 5
152 ÷ 7 = 21 余 5

汉娜必须要等21周又5天才能见到自己的祖母。

霍莉算出来她225天后才能去看她的亲戚们。
225天是几周又几天？

把225除以7来算有几周。

```
              3    2余 1
  7 )    2    2    5
     -   2    1
             1    5
     -       1    4
                  1
```

商数32表示的就是有32周。

余数1就是余1天。

225天是32周又1天。

我们可以说她大约32周后才能去看望她的亲戚们。

225天 ≈ 32周

练习

查尔斯在5月9日（周一）开始露营。他最后一天露营是5月22日（周日）。查尔斯露营了几周又几天？

五月						2022
周日	周一	周二	周三	周四	周五	周六
1	2	3	4	5	6	7
8	9	10	11	12	13	14
15	16	17	18	19	20	21
22	23	24	25	26	27	28
29	30	31				

查尔斯露营了 ☐ 周又 ☐ 天。

2 一艘船从英国的南安普敦开往新西兰的奥克兰用了59天。这艘船航行了几周又几天？

这艘船航行了 ☐ 周又 ☐ 天。

3 工人团队建造一栋房子用了165天。请问工人团队建造房子用了几周又几天？

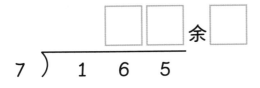

(1) 工人团队建造房子用了 ☐ 周又 ☐ 天。

(2) 工人团队建造房子大约用了 ☐ 周。

年和月

准 备

以下分别是建造一架航天飞机、一艘潜水艇和一艘游轮所需要的时间。

48个月　　　　　84个月　　　　　2年8个月

哪个需要建造最久？

举 例

一年有12个月。

要把月换算成年，我们需要除以12。

48个月

12个月 = 1年
48 ÷ 12 = 4
48个月 = 4年
建造一架航天飞机需要用4年。

84个月

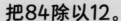

把84除以12。

$84 \div 12 = 7$
84个月 = 7年
建一艘潜水艇需要7年。

把年和月换算成月数

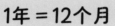

1年 = 12个月

2年8个月

$2 \times 12 = 24$
2年 = 24个月
24个月 + 8个月 = 32个月
建造一艘游轮需要32个月。

我们可以按照所需年月排序。

2年又8个月，4年，7年

最短 ——→ 最长

我们也可以按照所需月份排序。

32个月，48个月，84个月

最短 ——————➤ 最长

建造一艘航母需要的时间最长。

马来西亚的双子星塔始建于1993年。从开始建造到对外开放总共花了78个月。

78个月是几年又几月？

```
        6 余 6
12 )  7  8
   -  7  2
         6
```

商数6是年数。

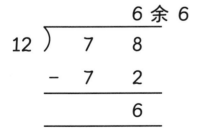

余数6是月数。

建造双子星塔花了6年又6个月。

练习

1 单位换算。

(1) 36个月 = ▢ 年

(2) 5年 = ▢ 个月

(3) 63个月 = ▢ 年 ▢ 个月

(4) 2年4个月 = ▢ 个月

2 鲁比的表弟67个月大。
拉维的表哥比鲁比的表弟大2岁又5个月。
拉维的表哥年龄是多大？

拉维的表哥年龄是 ▢ 岁又 ▢ 个月。

3 拉维的妈妈买了一辆14个月车龄的二手车。开了27个月过后，需要给车换轮胎。
换胎时这辆车的车龄是多大？

换胎时这辆车的车龄为 ▢ 年又 ▢ 个月。

立体图形的体积

准 备

查尔斯用三个小立方体搭建如下几个立体图形。

这三个立体图形的体积相等吗？

举 例

首先我们需要知道这个小立方体的体积。

每个小立方体的体积相等。

3块小立方体无论怎么摆放，所占空间的大小都是一样的。

每个立体图形的体积都是3个小立方体。

这就是1立方厘米，或者1cm³。

每条边长都是1厘米。

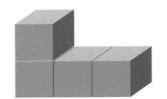

每个立体图形的体积都是4立方厘米或4cm³。

每个立体图形所占空间都是4立方厘米或者4cm³。

每个立体图形都由4个小正方体搭成。
每个小正方体的体积是1立方厘米或1cm³。

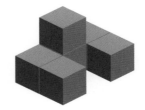

每个立体图形的形状都不一样，但是它们的体积是一样的。

它们的体积都是6立方厘米或6cm^3。

练 习

下列立体图形的体积是多少？
每个小正方体的体积都是1立方厘米。

1

体积 = ☐ 立方厘米

2

体积 = ☐ 立方厘米

3

体积 = ☐ 立方厘米

4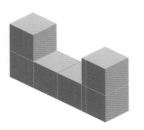

体积 = ☐ 立方厘米

5

体积 = ☐ 立方厘米

6

体积 = ☐ 立方厘米

7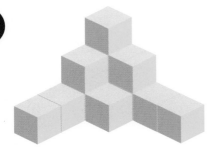

体积 = ☐ 立方厘米

8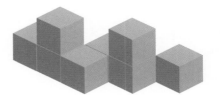

体积 = ☐ 立方厘米

用立方厘米计算容积

准备

 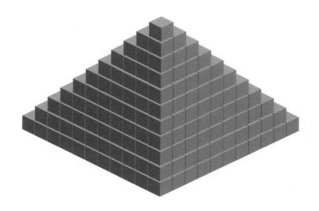

我怎么利用小正方体得出这个盒子的容积呢？

举例

每个小正方体是1立方厘米。

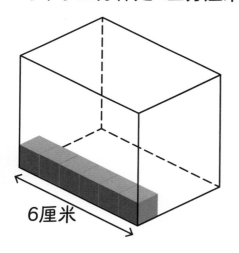

6厘米

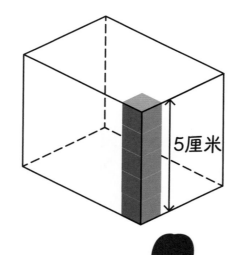

5厘米

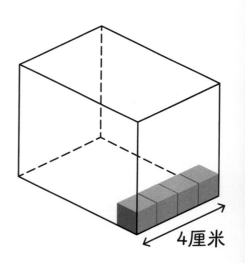

4厘米

我可以用6乘以4算出第一层能放下多少个小立方体。

$6 × 4 = 24$

每一层有24个小立方体。

一共有5层。

24 × 5 = 120
一共有120个小立方体。

这个盒子的容积是120立方厘米。

练 习

每个盒子的容积是多少?

1

2厘米
2厘米 2厘米

容积 = [　　　] 立方厘米

2

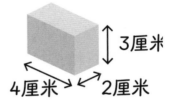

3厘米
4厘米 2厘米

容积 = [　　　] 立方厘米

3

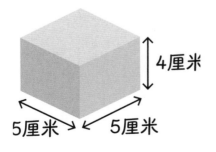

4厘米
5厘米 5厘米

容积 = [　　　] 立方厘米

4

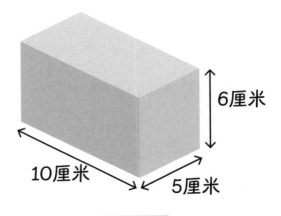

6厘米
10厘米 5厘米

容积 = [　　　] 立方厘米

回顾与挑战

1 下表是从曼彻斯特皮卡迪利站发车开往波因顿站的列车发车时间表。

车站	发车时间				
曼彻斯特皮卡迪利站	10:47	12:47	17:12	18:47	22:18
斯托克波特站	10:57	12:57	17:25	18:57	22:29
钱德尔哈姆站	11:01	13:01	17:32	19:01	22:33
布拉姆霍尔站	11:04	13:04	17:35	19:04	22:37
波因顿站	11:07	13:07	17:38	19:07	22:40

(1) 坐10:47的火车从曼彻斯特皮卡迪利站到钱德尔哈姆站需要多久？

　　　　　　分钟。

(2) 汉娜从斯托克波特站出发，坐几点出发的火车可以在下午六点之后到波
因顿站？　　　:　　　和　　　:　　

(3) 从曼彻斯特皮卡迪利站出发到布拉姆霍尔站，坐17:12的那趟列车比坐
10:47的那趟列车到站用时慢　　　　分钟。

2 单位换算。

(1) 8厘米 = 　　　　毫米

(2) 　　　　厘米 = 40毫米

(3) 12厘米3毫米 = 　　　　毫米

(4) 73毫米 = 　　　　厘米 　　　毫

(5) 3米 = 　　　　厘米

(6) 　　　　米 = 800厘米

(7) 　　　　厘米 = 1米20厘米

(8) 904厘米 = 　　　　米 　　　厘

3 下图是火车站面包店和村庄面包店的卖货情况折线图。

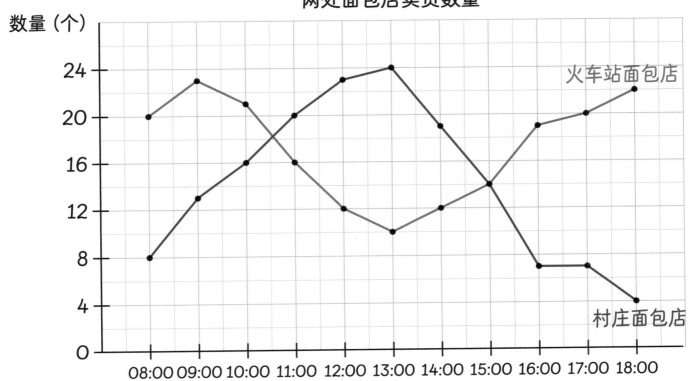

两处面包店卖货数量

(1) 村庄面包店在 ⬜ 卖货数量最多。

(2) 村庄面包店和火车站面包店在 ⬜ 卖了同样多的货物。

(3) 两面包店在13:00的卖货数量差值为 ⬜。

(4) ⬜ 两面包店卖货数量相差最多。

4 长度单位换算。

(1) 7千米 = ⬜ 米

(2) 2000米 = ⬜ 千米

(3) 9千米90米 = ⬜ 米

(4) 3.5千米 = ⬜ 米

❺ 重量单位换算。

(1) 1000克 = [　　] 千克　　　　(2) 5千克 = [　　] 克

(3) 3600克 = [　　] 千克 [　　] 克　(4) 4千克5克 = [　　] 克

❻ 时间单位换算。

(1) 5分钟 = [　　] 秒　　　　(2) 600秒 = [　　] 分钟

(3) 2分钟17秒 = [　　] 秒　　(4) 321秒 = [　　] 分钟 [　　] 秒

(5) 2小时 = [　　] 分钟　　　(6) 360分钟 = [　　] 小时

(7) 4小时23分钟 = [　　] 分钟　(8) 96分钟 = [　　] 小时 [　　] 分

❼ 年、月、周和日的换算。

(1) 19天 = [　　] 周 [　　] 天

(2) 3周5天 = [　　] 天

(3) 30个月 = [　　] 年 [　　] 个月

(4) 5年10个月 = [　　] 个月

❽ 计算下列立方体的体积。每个小立方体为1立方厘米。

(1)

(2)

体积 = [　　] 立方厘米　　　　体积 = [　　] 立方厘米

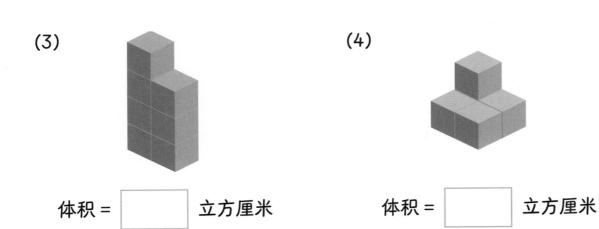

(3) 体积 = ☐ 立方厘米

(4) 体积 = ☐ 立方厘米

9 每个箱子的容积是多少?

(1)
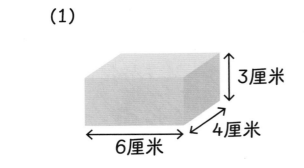

容积 = ☐ 立方厘米

(2)
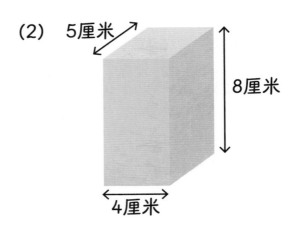

容积 = ☐ 立方厘米

10 汉娜的祖母回家前在澳大利亚待了1年2个月（7月和8月）6周又3天。汉娜祖母在澳大利亚待了多少天?

汉娜祖母在澳大利亚待了 ☐ 天。

参考答案

46

第 6 页　1

40分钟　　　46 分钟　　4分钟　5分钟

19:10　　　19:50　　　20:36　　20:45

第 7 页　2

5分钟　35分钟　　1小时5分钟　　45分钟

09:30 09:35　10:10　　　11:15　　　12:00

1小时5分钟 = 65分钟
5 + 35 + 65 + 45 = 150
150分钟 = 2小时30分钟 南丁格尔总共在健身房待了2小时30分钟。

3 15 + 40 + 55 = 110; 110分钟 = 1小时50分钟 阿米拉的爸爸在健身房待了1小时50分钟。

第 10 页　1 (1) 1月 (2) 6月和7月 (3) 11℃ (4) 11℃

第 11 页　2 (1) 4℃。 (2) 上升。 (3) 下降。 (4) 6℃。
(5) 2℃ (6) 06:00 14:00。

第 14 页　1

月份	1月	2月	3月	4月	5月	6月	7月	8月	9月	10月	11月	12月
克利斯特彻奇 (气温/℃)	18	17	16	13	10	7	7	8	10	12	14	16
肖勒姆 (气温/℃)	5	5	7	9	12	15	17	17	15	12	8	6

2 (1) 克利斯特彻奇。(2) 9℃。

第 15 页　(3) 11℃。
(4) 12℃。
3 (1) 布朗尼和曲奇。 (2) 1.60英镑。 (3) 0.80英镑 (4) 2016年

第 17 页　1 (1) 30毫米 (2) 50毫米 (3) 140毫米 (4) 230毫米
2 (1) 4厘米 (2) 8厘米 (3) 17厘米 (4) 39厘米
3 (1) 16毫米 = 1.6厘米 (2) 41毫米 = 4.1厘米 (3) 13.8厘米 = 138毫米 (4) 102毫米 = 10.2厘米

第 19 页　1 (1) 3米 (2) 2.5米 (3) 4.58米 (4) 9.09米
2 (1) 46米 = 4600厘米 (2) 3.4米 = 340厘米 (3) 18.5米 = 1850厘米 (4) 20.9米 = 2090厘米
3 (1) 103厘米 = 1.03米 (2) 5.14米 = 514厘米 (3) 2004厘米 = 20.04米 (4) 48.09米 = 4809厘米

第 21 页　1 (1) 6千米 (2) 0.5千米 (3) 1.2千米 (4) 20米 = 0.02千米
2 (1) 7000米 (2) 6400米 (3) 5030米 (4) 1.001千米 = 1001米
3 (1) 3050米 (2) 1千米50米 (3) 11.3千米 = 11 300米
(4) 45千米5米 = 45.005千米

配料	千克和克重	克	千克
大米	1千克300克	1 300克	1.3千克
鱼	2千克300克	2 300克	2.3千克
洋葱	3千克50克	3 050克	3.05千克
豆子	2千克980克	2 980克	2.98千克
胡椒	1千克60克	1 060克	1.06千克
胡萝卜	0千克850克	850克	0.85千克

第 25 页　1 (1) 2分钟19秒 (2) 2分钟9秒 (3) 3分钟8秒　2 (1)拉维和艾略特切菜总共用了9分29秒。
(2)拉维切菜用时比艾略特长了65秒。

第 27 页　1 (1) 1小时15分钟 = 75分钟; 75 + 75 + 35 + 45 = 230; 230分钟
(2) 230分钟 = 3小时50分钟　2 (1) 240分钟 = 4小时 (2) 3小时10 分钟 = 190分钟
(3) 105分钟 = 1小时 45分钟　(4) 6小时 8分钟 = 368分钟

第 30 页　1 (过程略) 2周又0天

第 31 页　2 (过程略) 8周又3天

```
3          2 3 余 4
     7 ) 1 6 5
       - 1 4
           2 5
         -  2 1
              4
```

(1) 23周又4天。
(2) 24周。

第 35 页　1 (1) 3年 (2) 60个月 (3) 5年又3个月 (4) 28个月
2 8岁又0月　3 3年又5个月。

第 38 页　1 2 2 5

第 39 页　3 7 4 6 5 6 6 8 7 12 8 8

第 41 页　1 8 2 24 3 100 4 300

第 42 页　1 (1) 14分钟 (2) 18:57和22:29 (3) 6分钟
2 (1) 80 (2) 4 (3) 123 (4) 7厘米3毫米 (5) 300厘米 (6) 8米 (7) 120厘米 (8) 9米4厘米

第 43 页　3 (1) 13:00
(2) 15:00
(3) 14
(4) 18:00
4 (1) 7000米 (2) 2千米 (3) 9090米 (4) 3500米

第 44 页　　5 (1) 1千克　(2) 5000克　(3) 3千克600克　(4) 4005克
　　　　　　6 (1) 300秒　(2) 10分钟　(3) 137秒　(4) 5分钟21秒
　　　　　　(5) 120分钟　(6) 6小时 (7) 263分钟　(8) 1小时36分钟
　　　　　　7 (1) 2周又5天　(2) 26天　(3) 2年零6个月 (4) 70个月
　　　　　　8 (1) 4　(2) 5

第 45 页　　(3) 7 (4) 5　9 (1) 72 (2) 160　10 472。